高等职业教育建筑装饰工程技术专业
教育标准和培养方案
及主干课程教学大纲

全国高职高专教育土建类专业教学指导委员会
建筑设计类专业指导分委员会　编制

中国建筑工业出版社

图书在版编目(CIP)数据

高等职业教育建筑装饰工程技术专业教育标准和培养方案及主干课程教学大纲/全国高职高专教育土建类专业教学指导委员会、建筑设计类专业指导分委员会编制.—北京:中国建筑工业出版社,2004

ISBN 7-112-06951-3

Ⅰ.高… Ⅱ.全… Ⅲ.建筑装饰—专业—高等学校:技术学校—教学参考资料 Ⅳ.TU767

中国版本图书馆 CIP 数据核字(2004)第 111288 号

责任编辑:陈 桦
责任设计:孙 梅
责任校对:刘 梅 张 虹

高等职业教育建筑装饰工程技术专业
教育标准和培养方案
及主干课程教学大纲
全国高职高专教育土建类专业教学指导委员会
建筑设计类专业指导分委员会 编制

*

中国建筑工业出版社出版、发行(北京西郊百万庄)
新 华 书 店 经 销
北京市兴顺印刷厂印刷

*

开本:787×1092 毫米 1/16 印张:3¾ 字数:90 千字
2004 年 11 月第一版 2004 年 11 月第一次印刷
印数:1—1500 册 定价:**12.00** 元

ISBN 7-112-06951-3
TU·6192(12905)

本社网址:http://www.china-abp.com.cn
网上书店:http://www.china-building.com.cn

出 版 说 明

全国高职高专教育土建类专业教学指导委员会是建设部受教育部委托(教高厅函[2004] 5号)，并由建设部聘任和管理的专家机构(建人教函[2004] 169号)。该机构下设建筑类、土建施工类、建筑设备类、工程管理类、市政工程类等五个专业指导分委员会。委员会的主要职责是研究土建类高等职业教育的人才培养，提出专业设置的指导性意见，制订相应专业的教育标准、培养方案和主干课程教学大纲，指导全国高职高专土建类专业教育办学，提高专业教育质量，促进土建类专业教育更好地适应国家建设事业发展的需要。各专业类指导分委员会在深入企业调查研究，总结各院校实际办学经验，反复论证基础上，相继完成高等职业教育土建类各专业教育标准、培养方案及主干课程教学大纲(按教育部颁发的《全国高职高专指导性专业目录》)，经报建设部同意，现予以颁布，请各校认真研究，结合实际，参照执行。

当前，我国经济建设正处于快速发展阶段，随着我国工业化进入新的阶段，世界制造业加速向我国的转移，城镇化进程和第三产业的快速发展，尽快解决“三农”问题，都对人才类型、人才结构、人才市场提出新的要求，我国职业教育正面临一个前所未有的发展机遇。

作为占2003年社会固定资产投资总额39.66%的建设事业，随着建筑业、城市建设、建筑装饰、房地产业、建筑智能化、国际建筑市场的改革与发展，不论是规模扩大，还是新兴行业，还是建筑科技的进步，都急需大批“银(灰)领”人才。

高等职业教育在我国教育领域是一种全新的教育形态，对高等职业教育的定位和培养模式都还在摸索与认识中。坚持以服务为宗旨，以就业为导向，已逐步成为社会的共识，成为职业教育工作者的共识。为使我国土建类高等职业教育健康发展，我们认为，土建类高等职业教育应是培养“懂技术、会施工、能管理”的生产一线技术人员和管理人员，以及高技能操作人员。学生的知识、能力和素质必须满足施工现场相应的技术、管理及操作岗位的基本要求，高等职业教育的特点应是实现教育与岗位的“零距离”接口，毕业即能就业上岗。

各专业类指导分委员会通过对职业岗位的调查分析和论证，制定的高等职业教育土建类各专业的教育标准，在课程体系上突破了传统的学科体系，在理论上依照“必需、够用”的原则，建立理论知识与职业能力相互支撑、互相渗透和融合的新教学体系，在培养方式上依靠行业、企业，构筑校企合作的培养模式，加强实践性教学环节，着力于高等职业教育的职业能力培养。

基于我国的地域差别、各院校的办学基础条件与特点的不同，现颁布的高等职业教育土建类教育标准、培养方案和主干课程教学大纲是各专业的基本专业教育标准，望各院校结合本地需求及本校实际制订实施性教学计划，在实践中不断探索与总结新经验，及时反馈有关信息，以利再次修订时，使高等职业教育土建类各专业教育标准、培养方案及主干课程教学大纲更加科学和完善，更加符合建设事业改革和发展的实际，更加适应社会对高等职业教育人才的需要。

全国高职高专教育土建类专业教学指导委员会

2004年9月1日

前　言

建筑装饰工程技术专业是培养适应社会主义现代化建设需要，德、智、体、美等方面全面发展，具有建筑装饰综合职业能力，具备建筑装饰工程技术专业必需的文化基础与专业理论知识，具有建筑装饰设计、建筑装饰施工与管理、建筑装饰监理能力的高等技术应用性专门人才。能在建筑装饰设计、施工、管理等部门从事建筑装饰设计、咨询、施工、管理、监理等工作。

本书为高等职业教育建筑设计类专业指导分委员会制定的建筑装饰工程技术专业指导性教学文件，包括教育标准、培养方案和主干课程教学大纲三大部分。

高等职业教育建筑设计类专业指导分委员会制定的专业教育标准、培养方案是对建筑装饰工程技术专业培养标准的最低要求，体现一般性的指导意见，其核心是要求办学院校能够按照文件所制定的培养目标和职业能力结构来进行专业建设和学生培养。同时，希望各院校在保证基本培养规格的前提下，发挥自身学校的教学特色。各院校可以以本书为基本标准，在课程设置、教材选用、教学重点、培养方式等方面，根据各自的办学特色进行取舍。

根据培养目标和人才培养规格，建筑装饰工程技术专业设置了体现职业岗位知识和能力结构的课程体系，共29门课程。其中公共课程11门，专业平台课程12门（职业基础课5门，职业技术课7门），专业方向课程6门。本书只给出了素描与色彩；造型设计基础；建筑装饰制图；计算机辅助设计；建筑装饰表现技法；建筑设计基础；建筑装饰设计原理；建筑装饰材料、构造与施工；建筑装饰施工组织与管理；室内环境与设备等10门主干课程的教学大纲。这10门主干课程覆盖了建筑装饰工程技术专业的专业基础课和专业课，目标是培养和训练学生的专业知识和基本技能，各院校在使用过程中要注意不断地调整和补充必要的内容。

高等职业教育建筑设计类专业指导分委员会衷心地希望各高职院校能够在本文件的原则性指导下，进行积极的探索和深入的研究，为不断完善建筑装饰工程技术专业的建设与发展作出自己的贡献。

全国高职高专教育土建类专业教学指导委员会

建筑设计类专业指导分委员会

主任委员　季　翔

2004年9月

目　录

建筑装饰工程技术专业教育标准

一、培养目标和业务范围

培养适应社会主义现代化建设需要，德、智、体、美等方面全面发展，具有建筑装饰综合职业能力，具备建筑装饰专业必需的文化基础与专业理论知识，具有建筑装饰设计、建筑装饰施工与管理、建筑装饰监理能力的高等技术应用性专门人才。

能在建筑装饰设计、施工、管理等部门从事建筑装饰设计、咨询、施工、管理、监理等工作。

二、人才培养规格

（一）毕业生应具备的专业知识

1. 具备马克思列宁主义、毛泽东思想、邓小平理论、“三个代表”的思想道德及法律、外语等人文社会科学基础知识；

2. 具有本专业必需的计算机基础与辅助设计、绘画、建筑装饰制图、构成等建筑装饰工程技术基础理论知识；

3. 了解建筑设计理论知识；

4. 掌握建筑装饰设计理论知识；

5. 初步掌握建筑设备理论知识；

6. 掌握建筑装饰材料、构造与工程施工工艺理论知识；

7. 初步掌握建筑装饰施工组织与管理基础知识；

8. 掌握建筑装饰工程概预算知识；

9. 初步掌握建筑装饰工程法规方面的知识。

（二）毕业生应具备的职业能力

1. 具有较强的手绘、计算机绘制效果图、建筑装饰工程施工图和会审图纸的能力；

2. 具有一定的中小型建筑装饰方案的设计能力和装饰艺术鉴赏的能力；

3. 具有较强的建筑装饰工程项目技术指导与安全质量检测的能力；

4. 具有一定的建筑装饰工程项目组织与管理的基本能力；

5. 具有较强的中小型建筑装饰工程预、决算能力；

6. 具有一定的建筑装饰工程招标、投标、签订合同的能力；

7. 具有应用建筑装饰材料和管理材料的能力；

8. 具有一定的探索先进科学应用技术和创新能力；

9. 具有阅读和翻译本专业外文资料的初步能力；

10. 具有较好的语言表达和社会交往能力。

（三）毕业生应具备的综合素质

1. 具有热爱社会主义祖国，拥护中国共产党的领导和党的基本路线，为国家富强和民族昌盛服务的政治思想素质，懂得马克思列宁主义、毛泽东思想、邓小平理论及“三个代表”的基本原理，具有正确的世界观、人生观和价值观；

2. 具有较强的事业心和责任感，具有勤奋学习、艰苦奋斗、实干创新的精神，具有法制观念，有在建筑装饰行业生产一线建功立业的志向；

3. 具有良好的职业道德和思想品质，具有较高的文化艺术修养和职业素质，热爱建筑装饰行业；

4. 具有较强的建筑装饰行业一线需要的业务素质；

5. 具有较强的身体素质和良好的心理素质。

(四) 毕业生应获取的职业资格证书

1. 普通高校计算机等级一级合格证书；

2. 普通高校大学英语应用能力合格证书；

3. 获本专业至少一个岗位的岗位资格证书。

(五) 毕业生适应的职业岗位

本专业毕业生适应的职业岗位为：建筑装饰工程项目经理、建筑装饰工程建造师助理、建筑装饰设计助理。

三、专业设置条件

专业设置条件是在符合教育部有关高等职业学校办学标准基础上，开设本专业应达到的基本条件。

(一) 师资队伍

1. 数量与结构

(1)专业教师的人数应和学生规模相适应，但专业理论课教师不少于5人，专业实训教师不少于3人。必须配备专职的教师，如：建筑装饰设计、建筑装饰材料构造与施工、装饰预算与招投标等课程教师。聘请企业及社会中实践经验丰富的专家、高级技术人员或技师及能工巧匠担任专业课或实践教学任务，兼职教师占专职教师数10%以上。

(2) 专业教师应具有大学本科以上学历，具有中级以上职称的专业教师占专业教师总数的50%以上，并不少于4人；兼职专业教师除满足本科学历条件外，还应具备5年以上的实践年限。

2. 教师业务水平

建筑装饰设计、建筑装饰材料构造与施工、装饰预算与招投标等课程应有中级以上职称的教师作为骨干教师或课程带头人，其中高级职称不少于2人，专业教师中具有“双师”素质的教师比例应大于50%。专业理论教师除能完成课堂理论教学外，还应具有指导实习、编写讲义、教材和进行教学研究的能力。专业实践课教师应具有编写课程设计、实践项目的任务书和指导书的能力，还应具有指导学生规范地完成实践教学任务的能力。

除上述条件外，专业教师还必须达到教师法对高等学校专业教师的任职资格要求。

(二) 图书资料

图书资料包括：专业书刊、法律法规、规范规程、教学文件、电化教学资料、教学应用资料等。

1. 专业书刊

有实用的建筑装饰方面的书籍3000册以上，至少200个版本。有建筑装饰方面的各类期刊杂志(含报纸)10种以上，有一定数量且适用的电子读物，并经常更新。

2. 法律法规和规范规程

有现行的国家有关建筑装饰方面的法律法规、规章制度、规范和信息资料，并能及时更新、充实。

3. 教学文件

有教育部、建设部颁发的本专业教学文件和教学大纲，有学校编制的实施性教学计划和教学大纲，有实践课程的任务书、指导书等。

4. 电化及多媒体教学资料

有一定数量的教学录像带、幻灯片、光盘、多媒体教学课件等资料，并不断更新、充实其内容和数量，年更新率在30%以上。

5. 教学应用资料

有一定数量的国内外交流资料，有专业课教学必备的教学图纸。

(三) 教学设施

1. 有与建筑装饰课程开设相适应的实验设备，实验室设备的配置应符合课程教学大纲规定必须开出的要求。

2. 有专用画室、建筑装饰设计实训工作室、建筑装饰构造实验室等。

3. 有能运行现行建筑装饰设计、装饰预算与招投标等软件的计算机30台以上，并配有应用软件，如：Photoshop、3D MAX、AutoCAD等应用软件。

4. 有多媒体教学设备和配套适用的电化教学设备。

5. 校内有能满足三个以上工种基本操作技能训练的设施，如：木工、金工、装饰美工等，以及一个教学班训练的工位。

6. 校外至少有三个稳定的实习基地，和主要用人单位建立有长期稳定的产教结合关系，能解决认识实习、操作训练、毕业实习的教学需要。

(四) 专业教学计划

1. 具有完整、科学、合理的教学实施计划。

2. 根据人才需求的实际情况及时调整专业教学计划。

3. 专业教学计划管理严格、规范。

附注　执笔人：孙亚峰

建筑装饰工程技术专业培养方案

一、培养目标

培养适应社会主义现代化建设需要，德、智、体、美等方面全面发展，具有建筑装饰综合职业能力，具备建筑装饰工程技术专业必需的文化基础与专业理论知识，具有建筑装饰设计、建筑装饰施工与管理、建筑装饰监理能力的高等技术应用性专门人才。

二、招生对象及基本修业年限

招生对象：高中毕业生。

基本修业年限：三年。

三、职业能力结构及其分解(表1)

建筑装饰职业能力图表　表1

序号	综合能力 \ 专项能力	1	2	3	4	5	6	7	8	相应课程
1	★设计表达能力	造型基础	设计基础	表现图效果技法	快速表达设计方案	创意设计构思				素描与色彩 造型设计基础 建筑装饰制图 建筑装饰表现技法
2	室内空间设计能力	掌握室内设计原理	掌握室内设计程序	分析人流及家具布置	掌握室内陈设、装饰品设计	处理室内设计手法	制作空间模型	设计室内设备及安装	营造特定环境氛围，满足功能需要	建筑装饰简史 室内环境与设备 建筑装饰设计原理
3	★专题设计能力	掌握国家专业设计规范	居室装饰设计	办公空间装饰设计	娱乐场所装饰设计	旅游宾馆装饰设计	餐饮空间装饰设计	商业场所装饰设计	展示设计	建筑装饰法规 居住建筑室内设计 公共建筑室内设计 家具与陈设艺术设计 环境艺术设计 灯具与照明设计
4	电脑辅助设计能力	运用Photoshop软件	运用AutoCAD软件	运用3D MAX软件	运用圆方软件					计算机基础 计算机辅助设计
5	识图制图能力	识读房屋构造图	识读建筑施工图	识读水电施工图	识读设备图	绘制室内建筑装饰施工图	绘制空间透视图			建筑装饰制图 建筑设计基础 建筑结构概论 室内环境与设备 灯具与照明设计

续表

序号	专项能力 / 综合能力	1	2	3	4	5	6	7	8	相应课程
6	★施工技术与管理	掌握室内装饰工艺	掌握装饰构造	掌握国家装饰质量及标准	拥有施工组织与管理能力	编制施工方案及进度表	指导现场施工			装饰材料、构造与施工 建筑装饰监理 建筑装饰法规 施工组织与管理特种工艺 洽谈艺术与技巧
7	装饰预算能力	编制装饰工程预算书	编制装饰工程结算书	掌握工程招投标程序方法	拟写工程合同书					预算与招投标 建筑装饰制图 装饰材料、构造与施工
8	运用装饰材料能力	掌握装饰材料性能、规格、品种、价格	掌握材料质量标准	掌握材料用途	掌握市场发展趋势、运用新材料	采购装饰材料				建筑装饰监理 装饰材料、构造与施工 特种工艺
9	营销策略及谈判能力	分析客户心理	交往活动	表达语言与技巧						洽谈艺术与技巧 市场营销与公共关系
10	可持续发展能力	掌握专业基础理论知识	具备专业基本素质	掌握相关专业理论、技能	掌握新技术的能力	适应新发展的能力	掌握人文社科知识	创业、创新能力	设计自我持续学习	建筑装饰简史 建筑装饰法规 中外艺术鉴赏 专业设计基础 新方法新技术讲座

注：标注★为岗位核心能力。

四、课程体系

根据培养目标和人才培养规格，本专业设置了体现职业岗位知识和能力结构的课程体系。共29门。其中公共课程11门，专业平台课程12门(职业基础课5门，职业技术课7门)，专业方向课程6门。

1. 理论课程体系（表2）

建筑装饰专业理论课程体系 **表2**

A公共课与基础理论课	A1马克思主义哲学原理26	A2毛泽东思想概论32	A3邓小平理论概论34	A4思想道德修养24	A5法律基础(含国家安全法)30
	A6 英语(230) A7 体育(110) A8 大学语文(52) A9 计算机基础(52)	A10 建筑装饰简史(30) A11 建筑装饰法规(20)			

续表

<table>
<tr><td rowspan="4">B专业平台课程</td><td rowspan="4">B1 素描与色彩(140)</td><td rowspan="2">B2 造型设计基础(80)</td><td rowspan="2">B3 建筑装饰制图(90)</td><td>B6 建筑设计基础(60)</td><td>B9 室内环境与设备(90)</td></tr>
<tr><td>B7 建筑结构概论(40)</td><td>B10 建筑装饰材料、构造与施工(一)(100)</td></tr>
<tr><td colspan="2">B4 建筑装饰表现技法(70)</td><td>B8 建筑装饰设计原理(70)</td><td>B11 建筑装饰预算与招投标(一)(50)</td></tr>
<tr><td colspan="3">B5 计算机辅助设计(120)</td><td>B12 居住建筑室内设计(一)(60)</td></tr>
<tr><td rowspan="2">C限选课(装饰设计方向/施工管理方向)</td><td>C1 家具与陈设艺术设计/建筑装饰材料、构造与施工(二)</td><td rowspan="2">C3 居住建筑室内设计(二)/建筑装饰施工组织与管理</td><td rowspan="2">C4 公共建筑室内设计/建筑装饰监理</td><td rowspan="2">C5 环境艺术设计/特种工艺</td><td rowspan="2">C6 洽谈艺术与技巧</td></tr>
<tr><td>C2 灯具与照明设计/建筑装饰预算与招投标(二)</td></tr>
<tr><td>D任选课</td><td colspan="5">任选课 120 学时</td></tr>
</table>

注：1.（ ）内数字为基本学时数。

2. 横向排列的课程按先修后续关系排列。

2. 实践课程体系(表3)

建筑装饰专业实践课程体系　　表3

<table>
<tr><td rowspan="6">实践课程</td><td colspan="8">E1 计算机上机(6)</td></tr>
<tr><td rowspan="5">H2 认识实习(1)</td><td>E4 风景写生(2)</td><td rowspan="3">E6 设计制图训练(1.3)</td><td>F8 建筑装饰设计训练(1.6)</td><td>G12 饰面水泥工技能(1)</td><td rowspan="4">E16 室内声光电实验(0.4)</td><td rowspan="5">H17 岗位综合技能训练(8)</td><td rowspan="5">H18 毕业实践(17)</td></tr>
<tr><td rowspan="2">E5 艺术造型训练(4.4)</td><td>E9 建筑装饰材料实验(0.3)</td><td>G13 装饰美工(1)</td></tr>
<tr><td>G10 装饰构造与施工训练(1)</td><td>G14 木工技能(1)</td></tr>
<tr><td colspan="2">E7 表现技法训练(2)</td><td>E11 编制预算(1)</td><td>G15 金工技能(1)</td></tr>
<tr><td colspan="5">H3 暑假社会实践(4)</td></tr>
</table>

注：1.（ ）内数字为周数，E为课堂训练、F为课题设计、G为工作室实训、H为岗位实训。

2. 横向排列的课程按先修后续关系排列。

3. 课程计划表

(1) 必修课由公共课和专业平台课组成(表4)。

必修课程一览表 **表 4**

模块名称		课程门数	建议学时		学分	课程名称
公共课与基础理论课		11	640	26	1.5	1. 马克思主义哲学原理
				32	2	2. 毛泽东思想概论
				34	2	3. 邓小平理论概论
				24	1.5	4. 思想道德修养
				30	1.5	5. 法律基础(含国家安全法)
				110	5	6. 体育
				52	3.5	7. 大学语文
				230	15	8. 英语
				52	2.5	9. 计算机基础
				30	1.5	10. 建筑装饰简史
				20	1	11. 建筑装饰法规
专业平台课程	职业基础课	5	410	140	6	1. 素描与色彩
				80	3.5	2. 造型设计基础
				90	4	3. 建筑装饰制图
				60	3.5	4. 建筑设计基础
				40	2	5. 建筑结构概论
	职业技术课	7	560	70	3	1. 建筑装饰表现技法
				70	3.5	2. 建筑装饰设计原理
				120	6	3. 计算机辅助设计
				90	4.5	4. 室内环境与设备
				100	5	5. 建筑装饰材料、构造与施工(一)
				50	2	6. 建筑装饰预算与招投标(一)
				60	3	7. 居住建筑室内设计(一)
合计		23	1610			

(2) 选修课由限选课和任选课组成(表 5)。

选修课程一览表 **表 5**

模块名称		课程门数	建议学时		学分	课程名称
限选课(专业方向)	建筑装饰设计方向	6	432	72	3.5	1. 家具与陈设艺术设计
				72	3.5	2. 灯具与照明设计
				48	2	3. 居住建筑室内设计(二)
				120	5.5	4. 公共建筑室内设计
				84	3.5	5. 环境艺术设计
				36	2	6. 洽谈艺术与技巧
	装饰施工与管理方向	6	432	96	4	1. 建筑装饰材料、构造与施工(二)
				72	3.5	2. 建筑装饰预算与招投标(二)
				72	3.5	3. 建筑装饰施工组织与管理
				84	3.5	4. 建筑装饰监理
				72	3.5	5. 特种工艺
				36	2	6. 洽谈艺术与技巧
任选课		5	120			

(3) 技能训练课由实验技能、操作技能、岗位技能组成(表6)。

技能训练一览表 **表6**

模块名称		学分	周数(课内学时)	实践项目
实践教学	实验技能训练	6	(6)	1. 计算机上机
		0.3	(0.3)	2. 建筑装饰材料实验
		0.4	0.4	3. 室内声光电实验
	操作技能训练	1	1	1. 木工技能
		1	1	2. 金工技能
		1	1	3. 饰面水泥工技能
		1	1	4. 装饰美工
		2	2	5. 风景写生
	岗位技能训练	4.4	(4.4)	1. 艺术造型训练
		1.3	(1.3)	2. 设计制图训练
		2	(2)	3. 表现技法训练
		1.6	(1.6)	4. 建筑装饰设计训练
		1	(1)	5. 编制预算
		1	(1)	6. 装饰构造与施工训练
		1	1	7. 认识实习
		8	(8)	8. 岗位综合技能训练
其他		34	17	1. 毕业实践
		4	4	2. 暑假社会实践

(4) 课外活动计划(表7)。

课外活动一览表 **表7**

序号	课外活动类别	活动安排
1	社团组织(每人自选一项)	每周2学时
2	社会实践(社会调查或打工实践)	每年暑假
3	科技兴趣小组	每周2学时
4	学术讲座	每周1次
5	竞赛活动	每年举行两次美术设计大赛及参加全国及省市各项比赛活动
6	图书选阅	每人10本

五、建筑装饰工程技术专业主干课程

1. 素描与色彩

基本学时：140学时。

基本内容：素描的基础知识、表现方法，几何形体、静物、石膏像写生，色彩基础知识、观察方法，水彩画、水粉画写生，建筑速写等。

基本要求：了解光、影、质感间的关系和色彩的规律、性格，熟悉色彩概括和色彩组合，掌握素描写生的立体感、空间感、质感及深入刻画能力和对整体的把握能力，掌握不同的画种、不同的材料性能、不同绘画技法、不同的色彩表达方式；通过色彩和线条把空间结构、光影效果、环境色彩、材料质感等一系列要素表现出来。

教学方法建议：讲练结合、以练为主，个别指导。

2. 造型设计基础

基本学时：80 学时。

基本内容：构成的分类、特点、应用，基本要素及形式法则，造型设计的基本理论，造型与色彩等。

基本要求：了解形态的特性和构成规律，熟悉色彩的表现方法和变化规律，培养学生的空间意识；通过对制作材料、形态、空间造型及美的形式等的掌握，培养学生在造型设计上的抽象思维能力和创造能力。

教学方法建议：讲练结合、课堂制作，个别指导。

3. 建筑装饰制图

基本学时：90 学时。

基本内容：制图的基本知识，投影作图，轴测图与透视图，建筑装饰施工图等。

基本要求：了解建筑装饰制图的基础知识，基本原理和绘图方法，正确使用绘图工具，培养学生的图示能力、读图能力、空间想像力及绘图技能，掌握建筑装饰施工图、轴测图、透视图的内容、画法和识读。

教学方法建议：现场教学、多媒体教学、案例教学、作图训练等。

4. 建筑设计基础

基本学时：60 学时。

基本内容：民用建筑设计概论、建筑构造概述，建筑平面、剖面、内部空间及建筑造型设计，住宅建筑、旅馆建筑设计以及建筑防火与安全疏散，墙体、楼地层、楼梯、电梯与台阶、门与窗、屋顶、变形缝的作用与设计要求等。

基本要求：了解建筑设计基本知识、基本理论、基本原理，掌握建筑设计的一般方法和原则，掌握民用建筑的构造原理与方法，能进行一般的构造设计。具有选择合理建筑设计方案和构造方法的能力；具有识读建筑设计施工图的能力。

教学方法建议：课堂教学、现场教学、案例教学、课题设计等。

5. 建筑结构概论

基本学时：40 学时。

基本内容：建筑结构分类与特点，钢筋混凝土结构构件基本知识，梁板结构、砌体结构基本知识等。

基本要求：了解建筑结构的类型，熟悉建筑结构与构件在建筑中的作用及各类构件的受力特点和破坏形态，能够在不同的结构条件下进行建筑装饰施工。

教学方法建议：课堂教学、现场教学、多媒体教学等。

6. 建筑装饰表现技法

基本学时：70 学时。

基本内容：表现图的目的、意义和价值评判，表现图的工具与材料、构图与色彩，设计草图表现技法，水彩、水粉、马克笔、彩色铅笔表现技法等。

基本要求：熟悉表现图的构成要素、分类技法、材质、陈设及气氛的表现，训练学生表现图透视与构图的能力，具有对表现图的明暗、色调、材质的分析与表现能力，使学生能简洁、准确、快速地表现其设计思想，完善设计方案。

教学方法建议：采用多媒体教学，讲练结合、以练为主，个别指导，以临摹优秀效果图为主要技能培养方式。

7. 建筑装饰设计原理

基本学时：70 学时。

基本内容：建筑装饰的概念与发展、目的和意义，建筑装饰设计基础，室内外空间设计，建筑装饰色彩、照明、家具与陈设、绿化与小品设计，建筑室内外界面装饰设计等。

基本要求：了解建筑装饰设计的理论、原则、内容、方法，熟悉和掌握室内空间的色彩、绿化、家具、陈设、照明及室内外界面设计与处理手法等，培养学生创造性设计思维和设计表达能力，掌握建筑装饰设计的基本原理与设计方法，具有装饰空间分析与设计能力。

教学方法建议：课堂教学、多媒体教学、案例教学、参观、快题设计、课题设计等。

8. 计算机辅助设计

基本学时：120 学时。

基本内容：AutoCAD2000 安装与基本操作，设置绘图环境，使用图层和对象特性以及精确辅助绘图，绘制二维对象，使用块和外部参照、文本与尺寸标注；3D MAX 建模基础，材质与贴图，灯光与摄像机，Video Post 后期合成等。

基本要求：熟悉 3D MAX、AutoCAD 等装饰设计软件的基础知识。掌握电脑装饰施工图、效果图的设计与绘制方法，并能够灵活运用。

教学方法建议：采用多媒体与上机练习相结合的教学方法，讲练结合，结合工程实践。

9. 室内环境与设备

基本学时：90 学时。

基本内容：室外环境、室内空气环境与通风设备系统，室内热湿环境与采暖空调设备系统，室内厨、卫环境与卫生设备工程，室内防火与消防设备，室内光环境与电气照明设备，室内声环境与隔声减震，室内智能设备系统等。

基本要求：熟悉室内空气状态参数、气流组织、空气品质、采光照明及噪声等室内环境学初步知识与营造舒适健康的室内环境而配置的水、暖、空调、煤气、照明电气等工程设备系统的初步知识，掌握室内环境与设备布置与安装的基本知识和方法，识读有关的施工图纸，为其高质量的装饰设计作品打下基础。

教学方法建议：课堂教学、案例教学、多媒体教学、参观、课题设计等。

10. 建筑装饰材料、构造与施工

基本学时：100 学时。

基本内容：建筑装饰构造、材料和施工的互相关系，吊顶、柱体、墙面、楼地面、楼梯、衔接与收口、细木制品、装饰织物的构造、材料、施工技术和质量控制，基层与饰面施工工艺与质量控制，幕墙、门窗、玻璃工程、庭院工程的构造、材料、施工技术和质量控制，智能设备的接口，装饰工程的环保施工、施工机械等。

基本要求：掌握建筑装饰工程的主要构造，合理选择、正确运用相关的装饰材料以及它们的施工工艺、施工流程、质量控制的方法，解决建筑装饰工程施工中的一些综合性技术问题；掌握与其他工程的衔接，协调配合方法；能够在装饰施工过程中把构造、材料、施工工艺、效果有机地结合起来，全面准确地完成整个设计意图和艺术创作。

教学方法建议：多媒体教学、现场教学、案例教学、构造室实训、课题设计等。

11. 建筑装饰施工组织与管理

基本学时：72 学时。

基本内容：建筑装饰工程施工组织设计基本概念、作用、内容、分类，建筑装饰工程特点，流水施工，网络计划，建筑装饰工程组织设计，建筑装饰企业经营管理，建筑装饰实施管理等。

基本要求：熟悉各施工过程，熟练掌握装饰施工组织的一般方法和原则，具有编制一定规模的装饰工程施工组织设计能力，具有完成组织施工的能力以及施工管理的能力；做到理论联系实际，灵活应用流水施工原理和网络计划。

教学方法建议：讲练结合，案例教学、课题设计等。

六、教学时数分配(表 8)

教学时数分配 **表 8**

课程类别	学时	其中	
		理论	实践
公共课与基础理论课	640	590	50
专业平台课	970	452	518
限选课	432	208	224
任选课	120	120	
实践课	576		576
合计	2738	1370	1368
理论课占总学时的比例(%)		50%	
实践课占总学时的比例(%)		50%	

七、编制说明

1. 本方案按建筑装饰设计和建筑装饰施工与管理方向编制。

2. 实行学分制的学校，修业年限可为 2～6 年。课程学分，理论课视课程难易程度和重要性每 13～20 学时计 1 学分，实践课每周计 1 学分。毕业总学分 150 学分左右。

3. 专业方向举例：建筑装饰设计、建筑装饰施工与管理、建筑装饰工程监理、建筑装饰预决算等。

附注 执笔人：孙亚峰

建筑装饰工程技术专业
主干课程教学大纲

1 素描与色彩

一、课程的性质和任务

素描与色彩是建筑装饰工程技术专业的一门专业基础课。通过本课程的学习，是培养学生对美的正确观察方法和表现方法，提高造型能力和艺术鉴赏力的重要基础课程。

通过素描与色彩课程的讲授与训练，使学生对素描、水彩、水粉等基础知识有较全面的了解，对基本绘画技法得以掌握，通过讲、练、演的反复与深入教学，使学生的绘画能力、造型能力、审美能力达到一个设计者的要求。

二、课程教学目标

（一）知识目标

理解素描的光、影、质感间的关系；学习色彩的基本理论和画法；掌握物体质感和空间透视等的色彩规律。

（二）能力目标

通过对素描与色彩知识的掌握和理解，使学生具有一定的造型能力和质感的表现能力，并具有一定的观察力；能够正确使用绘画工具，有较熟练的绘画技能；能运用色彩原理和绘画技法画出本专业设计中常见表现对象。

（三）德育目标

培养学生观察、分析、表现对象美的能力，提高审美素养和艺术鉴赏力。

三、课程内容和教学要求

（一）素描

1. 主要内容

（1）素描概述；

（2）素描基础知识；

（3）素描表现方法；

（4）石膏几何形体方法；

（5）静物写生的方法、步骤与写生要点；

（6）石膏像写生的方法、步骤与写生要点；

(7) 速写的训练方法与要点。

2. 教学要求

掌握：让学生了解素描，热爱素描，掌握基本造型意识和素描造型能力，掌握素描写生的立体感、空间感、质感及深入刻画能力和对整体的把握能力。

理解：光、影、质感间的关系。

应用：不同材料质感与组合对人心理的感受。

(二) 色彩

1. 主要内容

(1) 色彩概述，色彩基础知识、色彩的观察方法；

(2) 水彩画的特点，水彩画的表现方法、水彩画的作画步骤；

(3) 水粉画的特点，水粉画的表现方法、水粉画的写生方法与步骤。

2. 教学要求

掌握：要求学生对色彩及色彩基础知识有一定的熟悉和掌握，并要求能灵活应用；掌握不同的画种，不同的材料性能，不同绘画技法，不同的色彩表达方式。

理解：色彩的规律、色彩性格、色彩概括和色彩组合。

应用：在设计表达中和色彩设计中自由运用。

四、课时分配(表 9)

课 时 分 配 **表 9**

序号	课题	课 程 内 容	总学时	其中		
				讲 授	习 题	实 验
1	(一)	素描	68	14	54	
2	(1)	素描概述	4	2	2	
3	(2)	素描基础知识	4	2	2	
4	(3)	素描表现方法	12	2	10	
5	(4)	石膏几何形体写生	12	2	10	
6	(5)	静物写生的方法、步骤与写生要点	12	2	10	
7	(6)	石膏头像写生的方法、步骤与写生要点	12	2	10	
8	(7)	速写的训练方法与要点	12	2	10	
9	(二)	色彩	72	22	50	
10	(1)	色彩概述	12	2	10	
11	(2)	水彩画	30	10	20	
12	(3)	水粉画	30	10	20	
		合计	140	36	104	

五、实践性教学环节和课外教学活动学时分配(表10)

实践性教学环节和课外教学活动学时分配　　表10

序　号	素　描　与　色　彩	学　时
1	素描的透视、比例与构图训练	4
2	明暗素描、结构素描的表现训练	12
3	石膏几何形体写生训练	12
4	静物写生训练	12
5	石膏头像写生训练	12
6	室内外建筑空间速写练习	12
7	水彩画写生训练	30
8	水粉画写生训练	30
	合计	124

六、大纲说明

(一) 色彩部分的水彩画与水粉画可有所侧重。

(二) 本大纲有别于一般美术专业，室外写生着重于建筑风景。

附注　执笔人：刘君政

2 造型设计基础

一、课程的性质和任务

造型设计基础课程是建筑装饰工程技术专业的一门专业基础课程。本课程以三大构成基本理论为基础，以建筑装饰造型设计为主。通过本课程的学习，培养学生在造型设计上的抽象思维能力和创造能力，训练学生设计制作的动手能力。通过对制作材料、形态、空间造型及美的形式等的掌握，使学生具备较高的艺术修养和审美能力，为建筑装饰设计打好基础。

二、课程教学目标

（一）知识目标

理解构成设计基础在设计中的应用，掌握造型基础的形式法则，能够把握设计基础元素的应用。

（二）能力目标

能够通过对设计基础诸元素的把握进行艺术设计，并符合设计美的形式要素。

（三）德育目标

树立良好设计岗位职业道德规范，敬业奉献的精神及团队协作、集体创作的意识。

三、课程内容和教学要求

（一）概述

1. 主要内容

(1) 构成艺术是造型设计的基础；

(2) 构成的分类、特点及应用。

2. 教学要求

掌握：平面构成、立体构成和色彩构成的研究特点。

理解：(1) 理解视觉传达艺术的含义。

(2) 构成艺术在造型设计中的应用。

（二）造型设计的基本要素及形式法则

1. 主要内容

(1) 造型设计的基本要素；

(2) 造型设计中美的形式法则；

(3) 造型设计的基础——点、线、面、体。

2. 教学要求

掌握：(1) 造型设计中美的表现形式；掌握对称与平衡、重复与群化、节奏和韵律、对比与变化、调和与统一等形式及其特点。

(2) 点、线、面在造型设计中的定义、性质、作用及应用。

理解：(1) 造型设计的概念元素、视觉元素、关系元素及实用元素等基本要素。

(2) 空间立体的基本形态及感情特征。

(三) 造型设计的基本理论

1. 主要内容

(1) 对称与平衡；

(2) 重复；

(3) 节奏和韵律；

(4) 对比、变化；

(5) 调和、统一；

(6) 破规、变异。

2. 教学要求

掌握：(1) 掌握造型设计中的构图与平衡关系；掌握点、线的平均构成及空间立体形态的平均构成特点。

(2) 掌握平面基本形的重复构成及空间立体形态的重复构成方法；掌握基本形的群化与集聚构成的特点。

(3) 掌握渐变与发射的基本表达形式和构成特点；掌握平面图形的渐变、发射构成；掌握空间立体形态的渐变构成。

(4) 掌握对比构成的构成要点；掌握平面图形的对比构成方法；掌握空间立体形态的对比构成方法。

(5) 掌握调和、统一规律的构成要点；掌握形象特征的统一、色彩的统一及方向的统一调和、统一的构成形式。

(6) 掌握破规、变异的构成方法；特异构成、变异构成及空间构成。

理解：(1) 理解对称与平衡的基本特征；

(2) 理解重复的基本特征；

(3) 理解比例关系在节奏和韵律变化中的作用及常见的比例关系；

(4) 理解对比的含义及应用；

(5) 理解调和、统一的作用；

(6) 理解破规、变异的构成形式及感情特征。

应用：对称、平衡、重复、节奏、韵律、对比、变化、调和、统一、破规、变异等规律在建筑装饰设计中的实际运用。

(四) 造型与色彩

1. 主要内容

(1) 色彩基础；

(2) 色彩的三要素与色彩的表示方法；

(3) 色彩对比；

(4) 色彩调和。

2. 教学要求

掌握：(1) 掌握色彩的感觉与心理特征；掌握色彩的混合方式及特点。

(2) 掌握色彩三要素的概念及色彩三要素的变化关系；掌握色立体的种类和特点。

(3) 掌握以三要素对比为主、以冷暖对比为主及以面积对比为主的色彩构成的构成方法；掌握色彩对比关系在装饰设计中的应用原则。

(4) 掌握统一调和、类似调和及秩序调和的构成特点；掌握色彩调和与面积的关系；掌握色彩与造型的统一规律；掌握色彩调和规律在装饰设计中的应用原则。

理解：(1) 理解色彩在造型设计中的重要作用；了解色彩的产生及色彩的视觉生理特征。

(2) 理解色彩的表达方式——色立体；了解色立体的概念及色立体的作用。

(3) 理解色彩对比的形式及特点。

(4) 理解色彩调和的构成形式及构成方法。

应用：结合实际让学生选择装饰画、浮雕设计、工艺壁挂、抽象雕塑、建筑小品、室内装饰色彩及店面橱窗设计等内容进行构成综合练习及在装饰设计中的应用。

四、课时分配(表11)

课 时 分 配　　**表11**

序号	课题	课 程 内 容	总学时	其中		
				讲授	习题课	实验课
1	(一)	概述	2	2		
2	(1)	构成艺术是造型设计的基础	1	1		
3	(2)	构成的分类、特点及应用	1	1		
4	(二)	造型设计的基本要素及形式法则	6	6		
5	(1)	造型设计的基本要素	1	1		
6	(2)	造型设计中美的形式法则	1	1		
7	(3)	造型设计基础——点、线、面、体	4	4		
8	(三)	造型设计的基本理论	44	18	26	
9	(1)	对称与平衡	6	2	4	
10	(2)	重复	8	4	4	
11	(3)	节奏和韵律	10	4	6	
12	(4)	对比、变化	8	4	4	
13	(5)	调和、统一	6	2	4	
14	(6)	破规、变异	6	2	4	
15	(四)	造型与色彩	28	8	20	
16	(1)	色彩基础	4	2	2	
17	(2)	色彩的三要素与色彩的表示方法	4	2	2	
18	(3)	色彩对比	10	2	8	
19	(4)	色彩调和	10	2	8	
		合计	80	34	46	

五、实践性教学内容

课堂作业：每次课均安排有课堂和课外作业。

课程设计(任选)：装饰画、浮雕设计、工艺壁挂、抽象雕塑、建筑小品、室内装饰色彩、店面橱窗设计。

六、大纲说明

（一）本课程应以实践教学为主。

（二）为加强实践教学，应该多结合幻灯片、各种制作工具和材料等进行教学。

附注　执笔人：邢　宏

3 建筑装饰制图

一、课程的性质和任务

建筑装饰制图是建筑装饰工程技术专业的一门技术基础课程。其任务是通过理论与实践的结合，培养学生的图示能力、读图能力、空间想像力及绘图技能，同时也是学生学习后继课程不可缺少的基础。

二、课程教学目标

（一）知识目标

熟悉表现图的构成要素，掌握分类技法、材质、陈设及气氛的表现，理解画面的色彩协调和色彩立体空间造型。

（二）能力目标

具有对表现图的明暗、色调、材质的分析与表现能力，具有表现图透视与构图的能力，具有准确、快速地表现设计构思的能力。

（三）德育目标

树立良好的设计岗位职业道德、实事求是的学风和创新意识；培养学生集体意识，提高学生的艺术修养。

三、教学内容和教学要求

（一）制图的基本知识

1. 主要内容

(1) 制图的标准；

(2) 制图工具和仪器的使用方法；

(3) 制图的一般步骤及要求；

(4) 几何作图的方法。

2. 教学要求

掌握：(1) 国家有关制图标准的基本规定：图幅、字体、图线、比例、尺寸标注、材料图例等。

(2) 制图工具和仪器的使用方法：图板、图纸、铅笔、绘图笔、丁字尺、三角板、比例尺、曲线板、圆规和分规、其他用品等。

(3) 几何作图的方法：直线的等分、圆周的等分、线的连接、椭圆的画法、徒手绘制平面几何图形的方法。

理解：(1) 绘图的一般步骤及要求；

(2) 制图标准要求在设计中的作用。

应用：制图知识在建筑装饰设计中的运用。

（二）投影作图

1. 主要内容

（1）投影基本知识；

（2）点的投影；

（3）直线的投影；

（4）平面的投影；

（5）立体的投影；

（6）组合体的投影；

（7）剖面图和断面图。

2. 教学要求

掌握：（1）正投影图的形成和特性。

（2）点、直线、平面的三面正投影及其规律。

（3）两点的相对位置及重影点的判别。

（4）两直线的相对位置；直角的投影。

（5）平面上点和直线的投影。

（6）基本形体的三面投影。

（7）剖面图和断面图的形成、类型、画法及区别。

理解：（1）投影方法和分类。

（2）建筑上常用的图示方法。

（3）平面立体和曲面立体的投影区别。

（4）组合体的分类。

应用：（1）投影作图原理在建筑装饰制图中锻炼学生空间想象力的运用。

（2）立体的投影和组合体的投影绘制和识读。

（3）剖面图和断面图的绘制和识读。

（三）轴测图与透视图

1. 主要内容

（1）轴测图；

（2）透视图。

2. 教学要求

掌握：（1）正等测图和斜二测图的画法；

（2）透视图中一点透视、两点透视的基本作图方法。

理解：（1）轴测图的形成及种类。

（2）透视的形成及绘图原理。

（3）透视作图中常用的术语和符号。

应用：轴测图、透视图在室内外设计中的运用。

（四）建筑装饰施工图

1. 主要内容

（1）房屋建筑施工图；

(2) 建筑装饰施工图。

2. 教学要求

掌握：(1) 掌握建筑施工图中的首页图、平面图、立面图、剖面图、建筑详图的内容和识读。

(2) 建筑装饰施工图中的平面图、顶棚图、立面图、详图的内容、画法和识读。

理解：(1) 房屋的基本组成。

(2) 房屋建筑图的组成及分类。

(3) 建筑施工图中的总平面图的图示内容。

(4) 建筑施工图和装饰施工图中常用的符号含义。

应用：建筑施工图和装饰施工图在装饰设计中的运用。

四、课时分配(表 12)

课 时 分 配 **表 12**

序 号	课 题	课 程 内 容	总学时	其 中		
				讲授	习题	实验
1	(一)	制图的基本知识	8	6	2	
2	(二)	投影作图	30	20	10	
3	(三)	轴测图与透视图	30	20	10	
4	(四)	建筑装饰施工图	20	10	10	
5		机动	2			
		合计	90	56	32	

五、实践性教学环节和课外教学活动学时分配(表 13)

实践性教学环节和课外教学活动学时分配 **表 13**

序 号	实 践 教 学 内 容	图纸(3 号图)
1	线型练习	1 张
2	几何作图的方法	1 张
3	透视分类画法	2 张
4	建筑施工图平面图、立面图、剖面图	3 张
5	建筑装饰施工图平面图、顶棚图、立面图	3 张
	合计	10 张

六、大纲说明

(一) 大纲适用范围：本大纲适用于高职建筑装饰专业。

(二) 本课程着重培养学生的图示、图解能力，同时促进学生的空间概念和空间想像力的发展。

(三) 本课程要求学生在课下进行大量透视、制图练习。

（四）充分利用幻灯、录像和多媒体等直观教学手段。

（五）成绩考核方式：考试。

附注　执笔人：钟　建

4 建筑装饰表现技法

一、课程的性质和任务

本课程是建筑装饰工程技术专业的一门专业课程，着重培养建筑装饰设计人员的设计语言表达技能，本课程涉及建筑装饰设计的思维方法及技能表达等必备的职业能力内容。通过本课程的学习，使学生能简洁、准确、快速地表现其设计思想，完善设计方案。

二、课程教学目标

(一) 知识目标

了解本课程与生产实践之间的联系，以及与将来从事工作的关系；理解正投影的基本原理和建筑装饰制图有关的国家标准；了解建筑装饰工程图的种类，理解它们的图示特点、图示内容、图示方法和识读方法；理解绘制建筑装饰透视图的基本理论和方法。

(二) 能力目标

具有运用基本几何元素(如点、线、面、体)的图示法则和元素间几何关系图示法的基本定理进行解题的能力；能正确使用绘图工具、绘图仪器，掌握建筑装饰工程图的绘制技能，具有绘制建筑阴影和透视图的能力。

(三) 德育目标

培养学生的爱国主义情操；培养学生热爱科学、实事求是的学风和创新意识、创新精神；培养学生严谨的工作作风，提高学生的艺术修养。

三、教学内容和教学要求

(一) 表现技法概述

1. 主要内容

(1) 表现图发展概况与趋势；

(2) 表现图的目的、意义和价值评判。

2. 教学要求

掌握：建筑装饰表现技法目的和意义。

(二) 表现图的工具与材料

1. 主要内容

(1) 主要绘图工具；

(2) 辅助工具与材料。

2. 教学要求

掌握：建筑装饰表现技法的常用绘图工具、材料及其使用方法。

应用：用绘图材料绘制表现图。

（三）表现图的构图和色彩

1. 主要内容

(1) 构图规律和常用形式：

1) 表现图构图要点；

2) 表现图视点透视类型。

(2) 色彩：

1) 表现图的色彩；

2) 色彩的协调。

2. 教学要求

掌握：表现图构图要点、透视类型，色彩的协调。

应用：选用适宜的构图绘制透视图，协调运用好表现图的色彩。

（四）设计草图表现技法

1. 主要内容

(1) 设计草图的内容；

(2) 设计草图训练。

2. 教学要求

掌握：设计草图的内容，徒手草图绘制方法。

应用：徒手绘制建筑装饰设计草图。

（五）其他常用材料表现技法(根据各地情况任选两种技法进行教学)

1. 主要内容

(1) 水彩、水粉表现技法：

1) 水彩、水粉特性；

2) 水彩、水粉表现方法与步骤。

(2) 马克笔表现技法：

1) 马克笔特性；

2) 马克笔表现方法与步骤。

(3) 彩色铅笔表现技法：

1) 彩色铅笔特性；

2) 彩色铅笔表现方法与步骤。

2. 教学要求

掌握：水彩、水粉、马克笔、彩色铅笔材料的特性，及其绘制方法与步骤。

应用：较熟练运用其中两种表现技法绘制表现图。

四、学时分配(表 14)

学 时 分 配

表 14

序号	课题	课程内容	总学时	其中		
				讲授	习题	实验
1	(一)	表现技法概述	2	2		
2	(1)	表现图发展概况与趋势				
3	(2)	表现图的目的、意义和价值评判				
4	(二)	表现图的工具与材料				
5	(1)	主要绘图工具				
6	(2)	辅助工具与材料				
7	(三)	表现图的构图和色彩	2	2		
8	(1)	构图规律和常用形式				
9	1)	表现图构图要点				
10	2)	表现图视点透视类型				
11	(2)	色彩				
12	1)	表现图的色彩				
13	2)	色彩的协调				
14	(四)	设计草图表现技法	16	2	14	
15	(1)	设计草图的内容	16	2	14	
16	(2)	设计草图训练				
17	(五)	其他常用材料表现技法	52	2	50	
18	(1)	水彩、水粉表现技法				
19	1)	水彩、水粉特性				
20	2)	水彩、水粉表现方法与步骤				
21	(2)	马克笔表现技法				
22	1)	马克笔特性	52	2	50	
23	2)	马克笔表现方法与步骤				
24	(3)	彩色铅笔表现技法				
25	1)	彩色铅笔特性				
26	2)	彩色铅笔表现方法与步骤				
		合计	70	6	64	

五、实践性教学环节和课外教学活动学时分配(表 15)

实践性教学环节和课外教学活动学时分配

表 15

序号	实践教学内容	学时
1	设计草图训练	14
2	水彩、水粉表现	
3	马克笔表现	50
4	彩色铅笔表现	
	合计	64

六、大纲说明

本课程以大量实践教学为主，在教学过程中多给学生出示相关资料及图片，鼓励采用现代教学设备、手段授课；绘图内容可结合各地学生实际情况，以临摹优秀效果图为主要技能培养方式(可酌情临摹室内外高质量照片)；课题五教学内容，可根据各地情况任选其中两种表现技法重点训练，课题五总学时不变。

成绩考核方式：考察。

附注　执笔人：陈志东

5　计算机辅助设计

一、课程的性质和任务

计算机辅助设计是建筑装饰专业的一门电脑表现技法课。通过本课程的学习，学生初步了解 AutoCAD 及 3D MAX 的基础知识，熟练掌握和运用计算机来绘制图纸，使学生能够运用现代高科技来表达他们的无限创意，强化他们的表现技法，以此对装饰设计起到很好的辅助作用。

二、课程教学目标

（一）知识目标

熟悉 3D MAX、AutoCAD 等装饰设计软件的基础知识；掌握电脑装饰施工图、效果图的设计与绘制方法，并能够灵活运用。

（二）能力目标

具有根据图纸选择恰当的制作方案的能力；具有对结构、空间、色彩、材质、灯光等综合运用的能力；具有独立绘制装饰施工图、空间效果图的能力。

（三）德育目标

培养学生热爱科学、实事求是的学风和创新意识；培养学生科学严谨、一丝不苟的工作作风。

三、教学内容和教学要求

第一部分 AutoCAD

（一）AutoCAD2000 安装与启动以及基本操作

1. 主要内容

(1) AutoCAD2000 新特点；

(2) AutoCAD2000 单用户版安装及启动；

(3) AutoCAD2000 基本操作。

2. 教学要求

掌握：AutoCAD2000 的特点、安装、启动及基本操作。

（二）设置绘图环境、使用图层和对象特性以及精确绘图

1. 主要内容

(1) 设置绘图单位与图限、规划设置图层；

(2) 利用各种捕捉进行精确辅助绘图。

2. 教学要求

掌握：绘图单位图限，图层的设置，运用各种捕捉进行辅助绘图。

(三) 绘制二维对象

1. 主要内容

(1) 绘图工具的运用;

(2) 修改工具的运用。

2. 教学要求

掌握：绘图工具和修改工具的运用。

(四) 使用块和外部参照、文本与尺寸标注

1. 主要内容

(1) 使用块和外部参照;

(2) 文本尺寸标注。

2. 教学要求

掌握：块和外部参照与文本尺寸标注的使用。

(五) 文本输出设置

1. 主要内容

(1) 输出环境设置;

(2) 输出文本。

2. 教学要求

掌握：输出环境设置与输出文本手法。

第二部分 3dsMAX

(一) 建模基础

1. 主要内容

(1) 3dsMAX 的安装、卸载与启动;

(2) 建模部分的菜单工具的命令面板;

(3) 标准二维造型命令详解。

2. 教学要求

掌握：掌握 3dsMAX 的安装、卸载与启动方法。

理解：工具的命令面板和二维造型命令。

(二) 材质与贴图

1. 主要内容

(1) 材质编辑器讲解;

(2) 10 种材质贴图类型具体运用;

(3) 材质制作。

2. 教学要求

掌握：材质编辑器讲解和材质贴图类型具体运用。

(三) 灯光与摄像机

1. 主要内容

(1) 灯光布置;

(2) 摄像机的运用。

2. 教学要求

掌握：掌握灯光布置和摄像机的运用。

（四）Video post 后期合成

1. 主要内容

Video Post 的后期合成。

2. 教学要求

掌握：Video Post 的后期合成。

四、学时分配（表 16、表 17）

AutoCAD 学时分配表 **表 16**

序号	课题	课程内容	总学时	其中		
				讲课	习题	实验
1	（一）	AutoCAD2000 安装与启动以及基本操作	2	2		
2	（1）	AutoCAD2000 新特点	2	2		
3	（2）	AutoCAD2000 单用户版安装及启动				
4	（3）	AutoCAD2000 基本操作				
5	（二）	设置绘图环境、使用图层和对象特性以及精确绘图	6	2	4	
6	（1）	设置绘图单位与图限、规划设置图层	3	1	2	
7	（2）	利用各种捕捉进行精确辅助绘图	3	1	2	
8	（三）	绘制二维对象	16	10	6	
9	（1）	绘图工具的运用	10	6	4	
10	（2）	修改工具的运用	6	4	2	
11	（四）	使用块和外部参照、文本与尺寸标注	2	1	1	
12	（1）	使用块和外部参照	2	1	1	
13	（2）	文本尺寸标注				
14	（五）	文本输出设置	2	1	1	
15	（1）	输出环境设置	2	1	1	
16	（2）	输出文本				
17		机动	2		2	
		合计	30	16	14	

3dsMAX 学时分配表 **表 17**

序号	课题	课程内容	总学时	其中		
				讲课	习题	实验
1	（一）	建模基础	30	8	22	
2	（1）	3dsMAX 的安装、卸载与启动	14	4	10	
3	（2）	建模部分的菜单工具的命令面板				
4	（3）	标准二维造型命令详解	16	4	12	

续表

序号	课题	课 程 内 容	总学时	其 中		
				讲课	习题	实验
5	(二)	材质与贴图	36	10	26	
6	(1)	材质编辑器讲解	4	2	2	
7	(2)	10种材质贴图类型具体运用	12	4	8	
8	(3)	材质制作	20	4	16	
9	(三)	灯光与摄像机	14	4	10	
10	(1)	灯光布置	14	2	10	
11	(2)	摄像机的运用		2		
12	(四)	Video Post 后期合成	8	2	6	
13		机动	2	2		
		合计	90	26	64	

五、实践性教学环节和课外教学活动学时分配(表18、表19)

AutoCAD 学时分配表 **表18**

序号	实践教学内容	学 时
1	AutoCAD2000 安装与启动以及基本操作	2
2	设置绘图环境、使用图层和对象特性以及精确绘图	2
3	绘制二维对象	10
4	使用块和外部参照、文本与尺寸标注	1
5	文本输出设置	1
	合计	16

3dsMAX 学时分配表 **表19**

序号	实践教学内容	学 时
1	建模基础	6
2	材质与贴图	10
3	灯光与摄像机	4
4	Video Post 后期合成	4
	合计	24

六、大纲说明

(一)对本课程的授课建议采用多媒体与上机练习相结合的教学方法，授课方式要求活泼，这样有利于学生对本软件更好地掌握。

(二)成绩考核方式：考察。

附注 执笔人：杨 洁

6 建筑设计基础

一、课程的性质和任务

建筑设计基础是建筑装饰工程技术专业的一门专业课程，分为建筑设计原理和建筑构造原理两大部分，学习本课程的目的是培养学生综合地运用设计原理及相关专业知识，提高学生对建筑功能、建筑空间、建筑构造的方法等内部的认识，提高学生分析和解决实际问题的能力。

二、课程教学目标

（一）知识目标

了解建筑设计基本知识、基本理论、基本原理，掌握建筑设计的一般方法和原则，掌握民用建筑的构造基本原理与设计方法，理解建筑设计学习的特点、分析方法和方案设计的方法步骤。

（二）能力目标

具有选择合理建筑设计方案和构造方法的能力，具有识读建筑设计施工图的能力，能对建筑诸要素的相互关系进行分析，能进行中、小型建筑方案的设计及一般的建筑构造设计。

（三）德育目标

培养学生科学严谨、实事求是的工作作风和团队意识；培养学生勇于探索、不断创新的精神，满足专业岗位的要求。

三、课程内容和教学要求

1. 主要内容

（1）绪论

建筑和构成建筑的基本要素；建筑发展概况。

（2）民用建筑设计概论

建筑的分类与分级；建筑设计的内容和程序；建筑设计的依据、建筑模数制。

（3）建筑平面设计

主要使用房间的平面设计；辅助使用房间的平面设计；交通联系部分的平面设计；建筑平面组合设计。

（4）建筑剖面设计

建筑层数的确定；房间剖面形状和建筑各部分高度的确定；建筑剖面组合。

（5）建筑内部空间设计

空间的分隔与联系；空间的过渡；空间的序列；空间延续和借景；内部空间形态的构

思和创造：建筑空间的利用。

(6) 建筑防火与安全疏散

建筑火灾的发展蔓延；防火防烟分区；安全疏散；高层建筑的防火要求。

(7) 建筑造型设计

建筑造型艺术特征；建筑构图的基本规律；建筑体形与立面设计。

(8) 建筑经济

建筑经济的几项指标；涉及建筑设计的几个问题。

(9) 住宅建筑设计

住宅建筑的基本内容；住宅的主要技术经济指标；住宅的平面组合、住宅的层数与层高；住宅的群体布置；大空间住宅；复式住宅和住宅商品化介绍。

(10) 旅馆建筑设计

旅馆的分类；旅馆选址和设计要求；旅馆建筑的参考指标；旅馆建筑的总平面设计；旅馆客房部分的设计；旅馆公共部分的设计；旅馆餐饮部分的设计。

(11) 民用建筑构造概述

民用建筑构造设计原理；民用建筑的构件组成与作用；建筑的保温与隔热；建筑节能。

(12) 墙体

概述；墙的作用与类型；墙的设计要求；砖墙的材料；砖墙的砌式；实心砖墙的基本尺寸；砖墙的构造；勒脚、散水与明沟、墙身防潮层、窗台、过梁、圈梁、构造柱；隔墙的类型与构造；玻璃幕墙；墙面装饰。

(13) 楼地层

楼地层的作用、组成、设计要求；现浇钢筋混凝土楼板的类型、特点及实用范围；预制装配式钢筋混凝土楼板的类型、特点及实用范围；装配整体式钢筋混凝土楼板(简介)；预制装配式钢筋混凝土楼板的构造；地面的类型及构造。

(14) 楼梯、电梯与台阶

楼梯的分类、材料；楼梯的组成及形式；楼梯的尺度；现浇钢筋混凝土楼梯的类型及特点；预制装配式钢筋混凝土楼梯的类型及构造；楼梯的细部构造；台阶与坡道；电梯与自动扶梯简介。

(15) 门与窗

概述；门窗的功能及设计要求；窗的类型；铝合金门窗的构造；塑钢窗的构造；彩板窗的构造；门的类型与构造；遮阳设施及遮阳板的基本形式。

(16) 屋顶

概述；屋顶的作用和要求；屋顶的类型；屋顶的基本组成；屋面坡度；平屋顶的构造组成、排水方式及平屋顶防水；平屋顶细部构造；坡屋顶的特点及形式；坡屋顶的支撑结构；坡屋顶的屋面构造；坡屋顶的顶棚、保温及隔热。

(17) 变形缝

变形缝概念及作用；各类变形缝的设置要求。

2. 教学要求

以基本知识、基本理论、基本原理为平台，使学生熟练掌握建筑设计的一般方法和原则、建筑构造的方法；具有选择合理建筑设计方案的能力和构造方法的能力；具有识读建筑设计施工图的能力。

四、课时分配(表20)

课 时 分 配　　表20

序号	课程内容	学时	其中	
			讲授	实训
(1)	绪论	2	2	
(2)	民用建筑设计概论	2	2	
(3)	建筑平面设计	2	1	1
(4)	建筑剖面设计	4	3	1
(5)	建筑内部空间设计	4	2	2
(6)	建筑防火与安全疏散	2	2	
(7)	建筑造型设计	2	2	
(8)	建筑经济	2	2	
(9)	住宅建筑设计	8	4	4
(10)	旅馆建筑设计	4	4	
(11)	民用建筑构造概述	2	2	
(12)	墙体	6	4	2
(13)	楼地层	6	4	2
(14)	楼梯、电梯与台阶	6	4	2
(15)	门与窗	4	2	2
(16)	屋顶	2	2	
(17)	变形缝	2	2	
(18)	(单元式住宅建筑设计施工图)专业周	30		30
	合计	90	45	45

五、大纲说明

(一) 本大纲为三年制高职实施性教学大纲，总90学时(含专业周)。

(二) 练习结合本节内容，在教学中穿插安排，也可在有关内容各课后安排。

附注　执笔人：杨青山

7 建筑装饰设计原理

一、课程的性质和任务

建筑装饰设计原理是建筑装饰工程技术专业的一门综合性专业课程，着重研究空间、色彩、照明、陈设等相关设计要素的组合，集技术与艺术交融渗透，是建筑装饰专业学生必修的专业核心课程。

通过本课程的学习，使学生掌握建筑装饰设计的基本原理与设计方法，培养学生分析和解决建筑装饰设计问题的能力，培养学生的创造性设计思维。

二、课程教学目标

（一）知识目标

了解建筑装饰设计的理论、原则、内容、方法，熟悉和掌握室内空间的色彩、绿化、家具、陈设、照明及室内外界面设计与处理手法，掌握建筑装饰设计的基本原理与设计方法。

（二）能力目标

培养学生的创造性设计思维和设计表达能力，具有建筑装饰空间分析、室内环境分析与设计能力。

（三）德育目标

培养学生独立、严谨的工作作风和团队意识；培养学生不断创新的精神和良好的职业道德；培养学生以人为本，创造高质量的空间环境。

三、教学内容和教学要求

（一）概述

1. 主要内容

(1) 建筑装饰的概念与发展；

(2) 建筑装饰设计的目的和意义；

(3) 建筑装饰设计的内容和分类。

2. 教学要求

掌握：建筑装饰设计内容和发展概要。

理解：建筑装饰设计概念、目的和任务。

（二）建筑装饰设计基础

1. 主要内容

(1) 建筑装饰设计要素；

(2) 建筑装饰设计的原则和设计语言；

(3) 建筑装饰设计的依据；
(4) 建筑装饰设计的方法与设计程序；
(5) 人体工程学。
2. 教学要求
掌握：(1) 建筑装饰设计语言在设计中的运用；
(2) 建筑装饰设计的方法。
理解：(1) 建筑装饰设计的依据、原则和美学法则；
(2) 建筑装饰设计的一般程序。
(三) 建筑装饰设计与室内外空间
1. 主要内容
(1) 概述；
(2) 室内空间的组成；
(3) 室内空间的类型；
(4) 室内空间的组织；
(5) 建筑室外空间。
2. 教学要求
掌握：(1) 空间分隔与联系的手法。
(2) 空间序列设计的组成和设计手法。
理解：(1) 空间的相关因素与构成要素。
(2) 室外空间的类型与空间的调节。
(四) 建筑装饰色彩设计
1. 主要内容
(1) 色彩的作用与色彩效果；
(2) 色彩设计的基本原则与设计方法。
2. 教学要求
掌握：(1) 色彩的心理、物理、生理和调节作用。
(2) 环境、材料、光色对色彩效果的影响。
(3) 建筑装饰色彩设计的一般方法。
理解：(1) 色彩的知觉和情感。
(2) 色彩设计的基本原则。
(五) 建筑装饰照明设计
1. 主要内容
(1) 视觉与照明；
(2) 灯具的种类与选择；
(3) 照明设计的原则；
(4) 类型空间的照明设计。
2. 教学要求
掌握：(1) 建筑装饰照明的方式与效果。
(2) 照明的设计步骤与灯具的选择方法。

(3) 常用空间照明设计。
理解：(1) 光的一般概念。
(2) 灯具的种类和性质。
(3) 室内环境与光照种类。
(六) 家具与陈设设计
1. 主要内容
(1) 家具的作用、发展与分类；
(2) 家具的设计与布置；
(3) 室内陈设的作用、分类；
(4) 室内陈设的选择与配置。
2. 教学要求
掌握：(1) 家具的分类和布置原则。
(2) 家具的基本尺度和设计依据。
(3) 室内陈设的分类与配置方法。
理解：(1) 家具的发展演化和在室内设计中的作用。
(2) 室内陈设的作用和布置原则。
(七) 绿化、小品与装饰设计
1. 主要内容
(1) 绿化、小品在建筑装饰中的作用；
(2) 室内绿化的布局与方法；
(3) 山石、水体与小品。
2. 教学要求
掌握：(1) 室内绿化的几种方法。
(2) 室内山石、水体、小品的设计方法。
理解：(1) 绿化、小品在装饰中的美化、绿化、组织环境的作用。
(2) 山石、水体、小品在室内中的作用及形式。
(八) 建筑室内装饰设计
1. 主要内容
(1) 概述；
(2) 地面装饰设计；
(3) 墙面装饰设计；
(4) 顶棚装饰设计；
(5) 门窗装饰设计。
2. 教学要求
掌握：(1) 室内装饰设计的要点；
(2) 地面、顶面、墙面的设计形式；
(3) 门窗设计的原则及形式。
理解：地面、顶面、墙面等界面装饰设计的作用及设计原则。
(九) 建筑室外装饰设计

1. 主要内容

(1) 概述；

(2) 建筑造型与装饰；

(3) 室外装饰的局部设计；

(4) 幕墙装饰设计；

(5) 屋顶装饰设计。

2. 教学要求

掌握：(1) 室外装饰设计的原则；

(2) 室外装饰设计的手法和特色；

(3) 入口、外墙面、门窗等局部设计的方法；

(4) 幕墙的构造与设计。

理解：(1) 室外装饰设计的目的、意义和内容；

(2) 室外装饰设计与环境的关系；

(3) 幕墙的种类与材料；

(4) 特殊屋顶的形式和特点。

四、教学时间分配(表21)

教学时间分配 **表21**

序号	课题	课程内容	总学时	其中		
				讲课	习题课	实验课
1	(一)	概述	4	4		
2	(二)	建筑装饰设计基础	8	8		
3	(三)	建筑装饰设计与室内外空间	10	8	2	
4	(四)	建筑装饰色彩设计	6	4	2	
5	(五)	建筑装饰照明设计	6	4	2	
6	(六)	家具与陈设设计	6	4	2	
7	(七)	绿化、小品与装饰设计	6	4	2	
8	(八)	建筑室内装饰设计	12	8	4	
9	(九)	建筑室外装饰设计	12	8	4	
		合计	70	52	18	

五、实践性教学环节和课外教学活动(表22)

实践性教学环节和课外教学活动 **表22**

序号	实践教学内容	学时
1	人体工程学设计草图训练	6
2	室内外空间类型草图训练	6
3	建筑装饰色彩设计训练	10
4	灯具造型设计训练	6

续表

序号	实践教学内容	学　时
5	不同空间的照明设计训练	8
6	家具的设计与布置练习	10
7	室内陈设的选择与配置训练	6
8	室内绿化的布置练习	6
9	室内界面装饰设计训练	12
10	室外装饰的局部设计训练	12
	合计	82

六、大纲说明

（一）本课程教学尽量结合实物投影器或利用幻灯、录像、多媒体等现代化教学手段进行图片式教学、案例教学。

（二）本课程教学尽量采用三段式教学法(即理论讲授、快题设计、课题设计)。

（三）本课程教学尽量采用开放式教学法。

（四）本课程教学过程中安排几次现场参观，让学生更能直观地理解设计内容，增加感性认识。

（五）考核标准和方式：考试、考察相结合。

标准为：考试试题理论占 40 分，综合应用占 60 分，考试成绩占 50%，平时快题设计、课题设计成绩占 50%。

附注　执笔人：孙亚峰

8　建筑装饰材料、构造与施工

一、课程的性质和任务

本课程以建筑装饰构造为脉络，介绍建筑装饰的材料、施工技术、检验方法，着重研究装饰工程中的构造和材料与施工工艺原理、质量检查等相关要素的配合协调，是一门构造、美学、材料、施工技术等学科紧密交叉、互相渗透并紧密联系实践的学科。是建筑装饰工程技术专业学生必修的核心课程。

本课程是培养学生掌握常用的各类建筑装饰构造以及相关的装饰材料的美学特性、理化性能，主要品牌、规格、技术指标、适用场合及效果，参考价位以及科学的施工工艺方法、质量检验标准等装饰专业技术人员必须掌握的专业知识。使学生能够正确地认识装饰材料，并根据装饰构造的需要采用适当的材料对建筑物固定表面进行装饰和布置，进而塑造一个美观、实用、具有整体效果的环境。

二、课程教学目标

（一）知识目标

了解建筑装饰材料的分类、特性和适用范围；理解和掌握建筑装饰构造的基本原理和构造作法；了解建筑装饰构造设计的内容和方法；掌握建筑装饰工程施工工艺、施工流程、质量控制的方法；掌握与其他工程的衔接，协调配合的方法。

（二）能力目标

具有正确选用装饰材料和装饰构造作法的能力；具有绘制建筑装饰构造施工图的能力；具有在装饰施工过程中把构造、材料、施工工艺、效果有机结合起来的能力；具有解决建筑装饰工程施工中一些综合性技术问题的能力。

（三）德育目标

培养学生科学严谨、实事求是、吃苦耐劳的工作作风；培养学生的团队意识、爱岗敬业和良好的职业道德。

三、课程内容和教学要求

（一）概论

1. 主要内容

（1）建筑装饰构造的基本知识，建筑装饰构造的创新和发展；

（2）建筑装饰材料属性，建筑装饰材料的创新和发展；

（3）建筑装饰施工的流程、技术、工艺、特点，施工技术的创新和发展；

（4）建筑装饰材料及施工和质量标准；

（5）建筑装饰构造、材料和施工的互相关系。

2. 教学要求

掌握：(1) 掌握建筑装饰构造、相关材料及相应的施工技术的有机联系。

(2) 掌握建筑装饰工程施工的质量控制标准、特点和作用。

理解：对建筑装饰构造、材料和施工技术的发展有初步了解。

(二) 吊顶的构造、材料、施工技术和质量控制

1. 主要内容

(1) 吊顶的主要结构类型、构造型式、应用场合及效果；

(2) 吊顶的相关材料的属性、规格、品牌、性能、参考价位；

(3) 吊顶的施工工艺；

(4) 吊顶工程的质量标准。

2. 教学要求

掌握：(1) 吊顶的主要结构选型及吊顶的构造特点。

(2) 吊顶材料的基本属性，合理地选择材料。

理解：吊顶的施工工艺原理和质量标准。

(三) 墙、柱体的构造、材料、施工技术和质量控制

1. 主要内容

(1) 墙、柱体的主要结构类型、构造型式、应用场合及效果；

(2) 墙、柱体的相关材料的属性、规格、品牌、性能、参考价位；

(3) 墙、柱体的施工工艺；

(4) 墙、柱体施工的质量标准。

2. 教学要求

掌握：(1) 墙、柱体的主要结构选型及墙、柱体的构造特点。

(2) 墙、柱体材料的基本属性，合理地选择材料。

理解：(1) 墙、柱体的施工工艺原理。

(2) 墙、柱体施工的质量控制要点。

(四) 楼、地面的构造、材料、施工技术和质量控制

1. 主要内容

(1) 楼、地面的主要结构类型、构造型式、应用场合及效果；

(2) 楼、地面的相关材料的属性、规格、品牌、性能、参考价位；

(3) 楼、地面的施工工艺；

(4) 楼、地面工程质量标准。

2. 教学要求

掌握：(1) 楼、地面的主要结构选型及楼、地面的构造特点。

(2) 楼、地面材料的基本属性，合理地选择材料。

理解：楼、地面的施工工艺原理和施工的质量标准。

(五) 楼梯的构造、材料、施工技术和质量控制

1. 主要内容

(1) 楼梯的主要结构类型、构造型式、应用场合及效果；

(2) 楼梯的相关材料的属性、规格、品牌、性能、参考价位；

(3) 楼梯的施工工艺；
(4) 楼梯工程质量标准。
2. 教学要求
掌握：(1) 楼梯的主要结构选型及其构造特点。
(2) 楼梯材料的基本属性，根据用途合理地选择材料。
理解：楼梯的施工工艺原理和质量控制要点。
(六) 基层与饰面施工工艺和质量控制
1. 主要内容
(1) 基层抹灰的构造、材料和施工工艺；
(2) 贴面的构造、材料和施工工艺；
(3) 涂料的性质、材料和施工工艺；
(4) 油漆涂料的性质、材料和施工工艺；
(5) 裱糊的构造、材料和施工工艺；
(6) 检验标准与质量标准。
2. 教学要求
掌握：(1) 各类基层与饰面的构造特点；
(2) 基层与饰面材料的基本属性，根据用途合理地选择饰面材料。
理解：基层与饰面的施工工艺原理及质量控制要点。
(七) 衔接与收口的构造、材料、施工技术和质量控制
1. 主要内容
(1) 衔接与收口的主要形式、应用场合及效果；
(2) 各类线条的属性、规格、品牌、性能、参考价位；
(3) 衔接与收口的施工工艺；
(4) 衔接与收口工程质量标准。
2. 教学要求
掌握：线条选型。
理解：衔接与收口的施工工艺原理和质量控制要点。
(八) 幕墙的构造、材料、施工技术和质量控制
1. 主要内容
(1) 幕墙的主要结构类型、构造型式、应用场合及效果；
(2) 幕墙的相关材料的属性、规格、品牌、性能、参考价位；
(3) 幕墙的施工工艺；
(4) 幕墙工程质量标准。
2. 教学要求
掌握：(1) 幕墙的主要结构选型及幕墙的构造特点；
(2) 幕墙材料的基本属性，合理地选择材料。
理解：幕墙的施工工艺原理和质量控制要点。
(九) 门窗的构造、材料、施工技术和质量控制
1. 主要内容

(1) 门窗的主要结构类型、构造型式、应用场合及效果；
(2) 门窗的相关材料的属性、规格、品牌、性能、参考价位；
(3) 门窗的施工工艺；
(4) 门窗工程质量标准。
2. 教学要求
掌握：(1) 门窗的主要结构选型及构造特点；
(2) 门窗材料的基本属性，合理地选择材料。
理解：门窗的施工工艺原理和施工的质量控制要点。
(十) 细木制品的构造、材料、施工技术和质量控制
1. 主要内容
(1) 细木制品的主要结构类型、构造型式、应用场合及效果；
(2) 木材的属性、规格、性能、参考价位；
(3) 细木制品的施工工艺；
(4) 细木制品工程施工质量标准。
2. 教学要求
掌握：(1) 细木制品的构造特点；
(2) 熟悉各类面板美学特性，合理地选择各类面板。
理解：(1) 细木制品施工工艺原理；
(2) 细木制品施工的质量控制要点。
(十一) 玻璃工程的构造、材料、施工技术和质量控制
1. 主要内容
(1) 玻璃工程的主要结构类型、构造型式、应用场合及效果；
(2) 玻璃工程的相关材料的属性、规格、品牌、性能、参考价位；
(3) 玻璃工程的施工工艺；
(4) 玻璃工程质量标准。
2. 教学要求
掌握：(1) 玻璃工程的主要结构选型及玻璃工程的构造特点；
(2) 玻璃工程材料的基本属性，合理地选择材料。
理解：(1) 玻璃工程的施工工艺原理；
(2) 玻璃工程施工的质量控制要点。
(十二) 装饰织物的构造、材料、施工技术和质量控制
1. 主要内容
(1) 装饰织物的主要结构类型、构造型式、应用场合及效果；
(2) 装饰织物的相关材料的属性、规格、品牌、性能、参考价位；
(3) 装饰织物的施工工艺；
(4) 装饰织物工程和质量控制要点。
2. 教学要求
掌握：(1) 装饰织物的主要形式；
(2) 装饰织物材料的基本属性，合理地选择材料。

理解：了解装饰织物施工的质量控制要点。

（十三）庭院工程的构造、材料、施工技术和质量控制

1. 主要内容

(1) 庭院工程的主要结构类型、构造型式、应用场合及效果；

(2) 庭院工程的相关材料的属性、规格、品牌、性能、参考价位；

(3) 庭院工程的施工工艺；

(4) 庭院工程质量标准。

2. 教学要求

掌握：(1) 庭院工程的主要结构选型及庭院工程的构造特点；

(2) 庭院工程材料的基本属性，合理地选择材料。

理解：(1) 庭院工程的施工工艺原理；

(2) 庭院工程施工的质量控制要点。

（十四）智能设备的接口

1. 主要内容

(1) 智能设备的主要种类及接口构造；

(2) 智能设备工程与装饰工程的配合要点；

(3) 智能设备接口的施工工艺；

(4) 智能设备施工的规范要求和检验标准。

2. 教学要求

掌握：(1) 智能设备接口的要求；

(2) 智能设备接口的施工工艺。

理解：智能设备接口的选择。

（十五）装饰工程的环保施工要求

1. 主要内容

(1) 国家颁布的装饰工程强制性环保标准；

(2) 环保材料的选择；

(3) 环保的施工工艺。

2. 教学要求

掌握：国家的环保标准和环保材料的选择。

理解：环保的施工工艺。

（十六）装饰工程的施工机械

1. 主要内容

(1) 装饰工程的施工机械的类型；

(2) 施工机械的安全使用常识；

(3) 施工机械的保养知识。

2. 教学要求

掌握：施工机械的安全使用常识和施工机械的保养。

理解：装饰工程的施工机械的功能。

四、教学时间分配(表23)

教学时间分配 表23

序号	课题	课程内容	总学时	其他		
				讲课	习题	实验
1	(一)	概论	6	6		
2	(二)	吊顶的构造、材料、施工技术和质量控制	8	4		4
3	(三)	墙、柱体的构造、材料、施工技术和质量控制	8	4		4
4	(四)	楼、地面的构造、材料、施工技术和质量控制	8	4		4
5	(五)	楼梯的构造、材料、施工技术和质量控制	4	2		2
6	(六)	基层与饰面施工工艺和质量控制	8	4		4
7	(七)	衔接与收口的构造、材料、施工技术和质量控制	6	4		2
8	(八)	幕墙的构造、材料、施工技术和质量控制	8	4		4
9	(九)	门窗的构造、材料、施工技术和质量控制	6	4		2
10	(十)	细木制品的构造、材料、施工技术和质量控制	8	4		4
11	(十一)	玻璃工程的构造、材料、施工技术和质量控制	4	2		2
12	(十二)	装饰织物的构造、材料、施工技术和质量控制	6	2		4
13	(十三)	庭院工程的构造、材料、施工技术和质量控制	6	4		2
14	(十四)	智能设备的接口	6	4		2
15	(十五)	装饰工程的环保施工要求	2	2		
16	(十六)	装饰工程的施工机械	4	2		2
17		机动	2	2		
		合计	100	56		44

五、大纲说明

(一)本课程是一门实践性很强的课程，需要一定的感性认识作基础，要让学生多参观了解。

(二)课程内容比较多，讲授时应注意总结，帮助学生系统把握。

(三)应积极采用多媒体教学手段，以及构造实验室，教学内容尽可能表达清楚。

(四)成绩考核方式：考试、考察。

附注 执笔人：刘超英

9 建筑装饰施工组织与管理

一、课程的性质和任务

建筑装饰施工组织与管理是建筑装饰工程技术专业的主要专业课之一，是建筑装饰工程技术人员必须具备的知识和技能。

通过本课程的教学，使学生掌握建筑施工企业技术管理基本知识，施工组织与管理的基本原则和方法。

二、课程内容和教学要求

1. 主要内容

(1) 施工组织绪论

1) 建筑装饰工程施工组织设计基本概念、作用、分类；

2) 建筑装饰工程施工组织设计的内容；

3) 建筑装饰工程施工程序和施工准备。

(2) 建筑装饰工程特点(简介)

1) 建筑装饰工程的特点、分类、与其他工程的关系；

2) 建筑装饰工程的设计、施工与组织管理的关系。

(3) 流水施工

流水施工的基本概念、主要参数、流水施工组织。

(4) 网络计划

网络计划的基本知识，双代号网络图的绘制，流水网络和时标网络应用，主要参数的计算、单代号网络图的绘制与参数计算。

(5) 建筑装饰工程组织设计

建筑装饰工程概况及施工条件、施工方案的确定，进度计划的编制，资源计划及组织措施，建筑装饰工程施工组织实例及练习。

(6) 建筑装饰企业经营管理

基本知识，建筑装饰企业项目经营决策，建筑装饰工程项目合同管理。

(7) 建筑装饰工程实施管理

质量管理、进度管理、成本管理、资金管理以及其他生产要素管理，工程项目后期管理、风险管理、相关法规与制度。业主对装饰工程项目的管理。

2. 教学要求

通过课程的学习，要求学生必须掌握每一章每节的基本知识，熟悉各施工过程，熟练掌握装饰施工组织的一般方法和原则，具有编制一定规模的装饰工程施工组织设计能力，同时具有独立完成组织施工的能力，以及施工管理的能力；做到理论联系实际，灵活应用流水施工原理和网络计划。

三、课时分配(表 24)

课 时 分 配 表 24

序号	课 程 内 容	学 时	其 他	
			讲授	练习
(1)	施工组织绪论	4	4	
(2)	建筑装饰工程特点(简介)	4	4	
(3)	流水施工	12	8	4
(4)	网络计划	14	10	4
(5)	建筑装饰工程组织设计	14	8	6
(6)	建筑装饰企业经营管理	10	8	2
(7)	建筑装饰工程实施管理	14	10	4
	合计	72	52	20

四、大纲说明

(一)本大纲为建筑装饰工程技术专业三年制高职实施性教学大纲，总 72 学时。

(二)练习结合本节内容，在教学中穿插安排，也可在有关内容各课完后安排。

附注 执笔人：马有占

10　室内环境与设备

一、课程的性质和任务

室内环境与设备工程是整合建筑环境学、建筑设备工程的一门课程，其整合的重点是将室内空气状态参数、气流组织、空气品质、采光照明及噪声等室内环境学知识点与营造舒适健康的室内环境而配置的水、暖、空调、煤气、照明电气等工程设备系统的知识点进行有机地结合，使建筑装饰工程技术专业学生能更易更好地掌握这部分知识，这将有利于拓展其知识面，为其高质量的装饰设计作品打下基础。

二、课程内容和教学要求

（一）室外环境

1. 主要内容

(1) 建筑环境；

(2) 室外的气候要素。

2. 教学要求

掌握：太阳高度角及方位角的概念及测量方法；建筑物的日照间距与地理纬度的关系；室外温度、湿度的测量及物理意义。

理解：地球绕日运行的规律，太阳辐射强度的变化规律；了解风、降水、热岛现象等气候要素。

（二）室内空气环境与通风设备系统

1. 主要内容

(1) 室内空气环境；

(2) 通风原理；

(3) 自然通风；

(4) 机械通风；

(5) 除尘设备。

2. 教学要求

掌握：室内空气品质标准及评价；掌握机械送排风系统及风机的种类、构造及特性参数。

理解：室内空气污染的来源、污染物的种类；了解通风的作用和除尘设备等。

（三）室内热湿环境与采暖空调设备系统

1. 主要内容

(1) 湿空气状态参数，传热学基础；

(2) 人体的热平衡、对温湿度的感受与反应；

(3) 建筑维护结构的热、湿传递，屋顶和外墙的隔热处理，窗口遮阳；

(4) 冷负荷与热负荷及其估算；

(5) 采暖系统及其分类；

(6) 空调系统的分类与组成；

(7) 空气的处理；

(8) 空调设备及系统；

(9) 送回风口及气流的组织。

2. 教学要求

掌握：人体的热平衡和对温湿度的感受与反应；掌握建筑维护结构的热、湿传递和屋顶、外墙的隔热处理；掌握窗口遮阳、防墙体结露的方法。

理解：冷负荷与热负荷及其估算；理解自然循环、机械循环热水采暖系统，热风、地板辐射、蒸汽采暖系统及采暖系统管道的布置，散热器的种类、构造与布置要求等；了解供热锅炉的种类与构造；了解集中式、半集中式空调系统及压缩制冷的工作原理，送回风口及气流的组织等。

(四) 室内厨、卫环境与卫生设备工程

1. 主要内容

(1) 卫生间的设置标准与卫生间内卫生器具的布置；

(2) 卫生器具、管材、附件的种类、构造与安装；

(3) 室内给水方式、管道系统、给水设备；

(4) 室内排水系统的组成；

(5) 热水供应系统的类型、组成；

(6) 室内水景系统设计；

(7) 室内燃气供应系统。

2. 教学要求

掌握：卫生间的设置标准与卫生间内卫生器具的布置；无障碍卫生间；室内水景系统设计。

理解：卫生器具、管材、附件的种类、构造与安装；室内给水方式及给水管道的布置要求；室内排水系统及排水管道的布置和敷设；理解热水供应系统和室内燃气供应系统。

(五) 室内防火与消防设备

1. 主要内容

(1) 装饰材料的耐火性能，室内装饰防火设计的一般规定，防火分区和安全疏散设计；

(2) 移动式灭火器的种类、构造及配置要求；

(3) 室内消火栓给水系统的组成及相关规定；

(4) 自动喷水灭火系统的种类、组成；

(5) 气体灭火系统的组成；

(6) 消防排烟系统，消防防烟系统；

(7) 火灾自动报警系统，自动消防联动系统，消防电源与配电，应急照明及疏散指示标志。

2. 教学要求

掌握：装饰材料的耐火性能和室内装饰防火设计的一般规定，自动喷水灭火系统。

理解：火灾的起火原因、发展和蔓延，室内消火栓给水系统的组成及相关规定，了解气体灭火系统、消防排烟、防烟系统，了解火灾自动报警、自动消防联动系统，了解消防电源与配电、应急照明及疏散指示标志等。

（六）室内光环境与电气照明设备

1. 主要内容

(1) 光的度量、光的性质、视觉与光环境、材料的光学性质；

(2) 自然采光原理和设计；

(3) 人工光源与灯具；

(4) 照明设计；

(5) 低压电气设备及导线种类；

(6) 照明供电系统设计；

(7) 安全电压、系统接地的方式。

2. 教学要求

掌握：光的度量(光通量、发光强度、照度、亮度)和材料的光学性质；掌握自然采光原理、人工光源照明设计及照明供电系统设计；掌握用电负荷计算和导线截面选择。

理解：低压电气设备及导线种类；光的性质(反射、透射)，视觉与光环境；了解低压电气设备、供配电系统；了解安全电压、系统接地的方式等。

（七）室内声环境与隔声减振

1. 主要内容

(1) 声音的产生与传播、声音的计量，人的听觉特征；

(2) 吸声材料与吸声结构的作用和分类；

(3) 室内音质设计概念；

(4) 噪声控制；

(5) 隔声与设备减振。

2. 教学要求

掌握：声音的计量方法；吸声材料与吸声结构；掌握室内音质评价标准和室内音质设计；掌握室内混响设计和噪声控制。

理解：声音的产生与传播和人的听觉特征，了解噪声危害、噪声的允许标准。了解隔声与设备减振。

（八）室内智能设备系统

1. 主要内容

(1) 信息通信系统 CA；

(2) 办公自动化系统 OA；

(3) 设备管理自动化系统 BA；

(4) 综合布线系统。

2. 教学要求

理解：信息通信系统 CA、电话通讯网络系统、有线电视系统、卫星电视接收系统、音响广播系统；了解办公自动化系统、设备管理自动化系统、防盗监控系统、建筑设备监控系统概念；了解综合布线系统。

三、学时分配(表25)

学 时 分 配　　　　表25

序号	课题	课 程 内 容	总学时	其 他		
				讲课	习题	实验
1	(一)	室外环境	4	4		
2	(二)	室内空气环境与通风设备系统	6	4	2	
3	(三)	室内热湿环境与采暖空调设备系统	16	14	2	
4	(四)	室内厨、卫环境与卫生设备工程	14	12	2	
5	(五)	室内防火与消防设备	8	6	2	
6	(六)	室内光环境与电气照明设备	18	16	2	
7	(七)	室内声环境与隔声减振	10	8	2	
8	(八)	室内智能设备系统	14	12	2	
		合计	90	76	14	

四、实践性教学环节

（一）参观：参观不同使用类型的建筑物，对建筑物的声、光、热工环境增加感性认识。初步了解各种建筑设备在建筑物中的使用状况。

（二）作业：绘制影剧院剖面图，分析声能分布状况。

五、大纲说明

（一）本课程是一门实践性很强的课程，需要一定的感性认识为基础，在讲授过程中应让学生多参观了解。

（二）课程内容较多，讲授时应注意总结，帮助学生系统把握课程的知识体系。

（三）应积极采用多媒体教学手段，教学内容尽可能表达清楚。

（四）成绩考核方式：考试。

附注　执笔人：蔡可键

附录 1

全国高职高专土建类指导性专业目录

56　土建大类

5601　建筑设计类
560101　建筑设计技术
560102　建筑装饰工程技术
560103　中国古建筑工程技术
560104　室内设计技术
560105　环境艺术设计
560106　园林工程技术

5602　城镇规划与管理类
560201　城镇规划
560202　城市管理与监察

5603　土建施工类
560301　建筑工程技术
560302　地下工程与隧道工程技术
560303　基础工程技术

5604　建筑设备类
560401　建筑设备工程技术
560402　供热通风与空调工程技术
560403　建筑电气工程技术
560404　楼宇智能化工程技术

5605　工程管理类
560501　建筑工程管理
560502　工程造价
560503　建筑经济管理
560504　工程监理

5606　市政工程类
560601　市政工程技术
560602　城市燃气工程技术

560603　给排水工程技术
560604　水工业技术
560605　消防工程技术

5607　房地产类

560701　房地产经营与估价
560702　物业管理
560703　物业设施管理

附录 2

教育部高职高专规划教材
建筑装饰技术专业(建工版)

序 号	书 名	作 者	备 注
1	建筑装饰施工与管理(第二版)	本系列教材编委会	可供
2	建筑装饰设计(第二版)	本系列教材编委会	可供
3	建筑装饰构造	本系列教材编委会	可供
4	家具与陈设	本系列教材编委会	可供
5	建筑装饰材料	本系列教材编委会	可供
6	建筑装饰工程概预算	本系列教材编委会	可供
7	建筑装饰制图(含习题集)	本系列教材编委会	可供
8	素描·色彩	本系列教材编委会	可供
9	装饰造型设计基础	本系列教材编委会	可供
10	装饰效果图表现技法	本系列教材编委会	可供
11	建筑装饰设备	本系列教材编委会	可供
12	建筑装饰简史	本系列教材编委会	可供